ÉTUDE ANALYTIQUE

SUR LE

PRINCIPE DE LA VIE.

ÉTUDE ANALYTIQUE

SUR LE

PRINCIPE DE LA VIE.

CONSÉQUENCES ET RÉSULTATS NOUVEAUX

POUR LE TRAITEMENT DES MALADIES,

PAR LE DOCTEUR

Joseph **LEONI**,

DE L'UNIVERSITÉ DE MODÈNE, MEMBRE DE L'ACADÉMIE ROYALE DES ÎLES IONIENNES, EX-MÉDECIN DU BEY D'AVLONE (ALBANIE), ETC....

Felix qui potuit rerum cognoscere causas.
VIRG. *Georg.* l. II.

CHALON-SUR-SAONE,

PIERRE **MULCEY**, LIBRAIRE-ÉDITEUR,

PARIS,

J.-B. **BAILLIÈRE** ET FILS ,

LIBRAIRES DE L'ACADÉMIE DE MÉDECINE,
19, Rue Hautefeuille.

1859.

PRÉFACE.

Le travail que je viens offrir au monde médical touche, dans les êtres organisés, au principe de la vie, « argument autour duquel gravitent toutes les » doctrines médicales [1]. » J'envisage ici ce principe d'une manière toute nouvelle ; je le fais intervenir dans tous les phénomènes de la vie ; à lui je rattache tout : état normal et morbide, action des remèdes, guérison des malades. Les conséquences que j'en tire sont d'une portée immense pour la médecine et conduisent à des résultats d'une vérité incontestable et d'une précision sans précédents. C'est le problème de l'immortel Gaubius, « *tuto, cito, jucunde,* » que je résous par l'emploi de remèdes connus de tous et employés tous les jours ; c'est le précepte d'Hippocrate « *occasio præceps* » que j'applique dans toute sa rigueur ; en un mot, c'est presque tout ce que l'humanité est en droit d'attendre de l'art de guérir.

[1] GUÉNEAU DE MUSSY (*Gazette des Hôpitaux*, 19 avril 1859.)

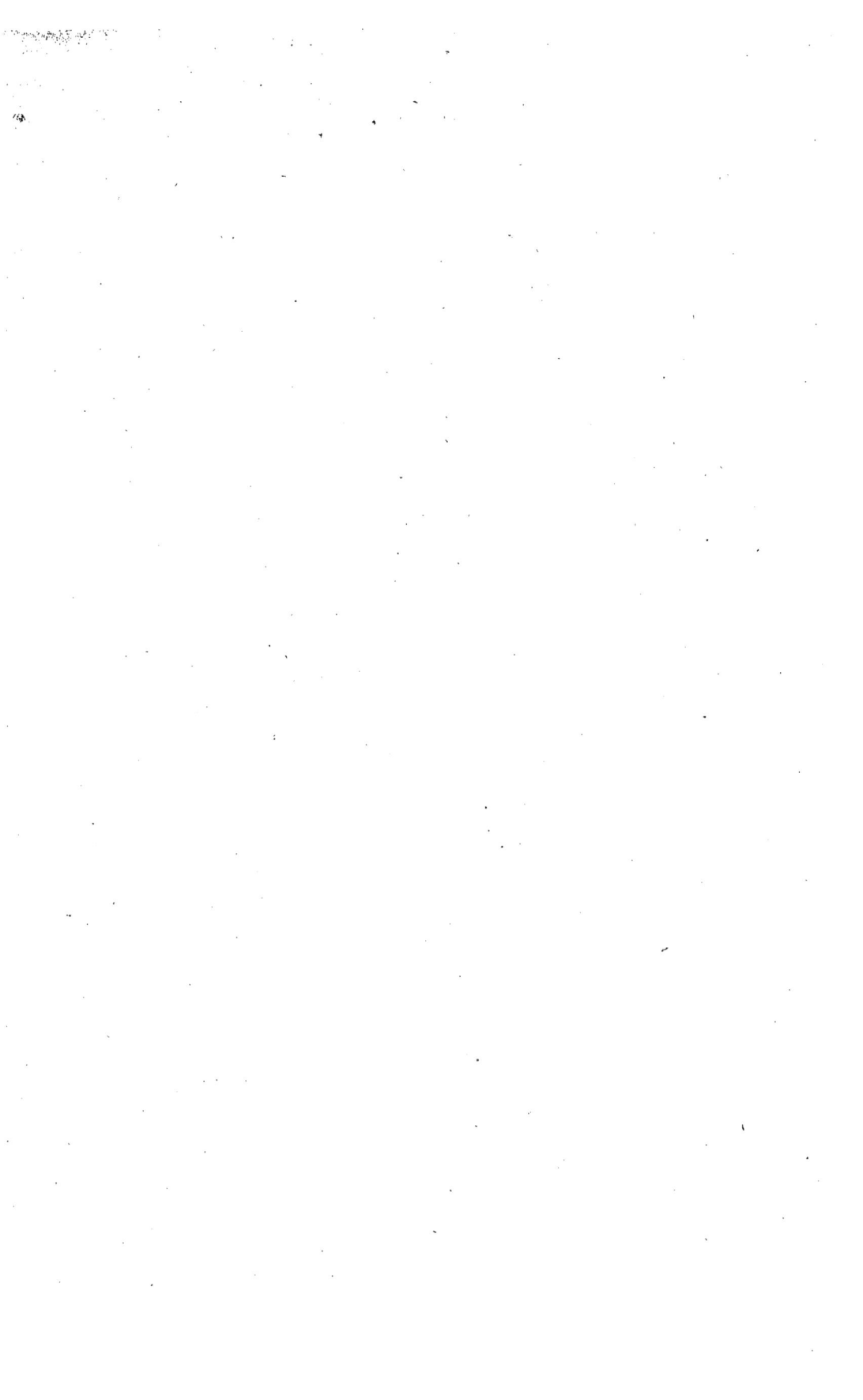

ÉTUDE ANALYTIQUE

sur

LE PRINCIPE DE LA VIE.

————◆————

> Il y a dans l'homme une force inconnue et
> distincte de la matière, qui lutte contre les lois
> du règne inorganique et préside à l'exercice de
> toutes les fonctions.
>
> *Pathologie* de CRUVEILHIER.

> Les uns voient en elle un jeu des organes ; les
> autres la regardent comme une cause, une force
> qui domine l'organisme, préside à son dévelop-
> pement et veille à sa conservation.
>
> GUÉNEAU DE MUSSY.
> *Gazette des Hôpitaux*, 19 Avril 1859.

> C'est à ce principe créateur et vivifiant que le
> physiologiste, historien de la vie, doit sans cesse
> remonter pour en sonder les mystères et inter-
> préter les lois.
>
> DUBOIS D'AMIENS. — *Eloge de Magendie*.

Le principe de la vie est cette force intime qui met tout
être organisé en communication avec le dehors, le développe et le maintient jusqu'à son terme naturel, malgré
les agents d'altération qui, tous les jours, le menacent.

Je divise les attributs de la vie en deux ordres : *les facultés* et *les forces*. Les premières constituent l'organisme ; les secondes mettent cet organisme en communication avec le dehors. Les facultés, pour moi, sont au nombre de quatre : à la première je donne pour siège le nœud embryonal ; à la seconde, le cordon rachidien et le cervelet ; à la troisième, les grands lôbes de l'encéphale ; à la quatrième, les nœuds ganglionaires, et je les appelle : *embryonale, vitale, sensitive, régulatrice*.

Les forces correspondent aux facultés et en sont l'expression ; je leur donne les mêmes noms. Leur origine, leur destination, sont des faits acquis à la science et confirmés par Saucerotte, Magendie, M. Flourens, etc...

La force embryonale ou *auto-plastique*, appelée par M. Flourens *métaplastique* ou *morpho-plastique*, est renfermée dans la vésicule de Graff, fécondée par la liqueur spermatique. C'est la seule puissance qui travaille au développement du fœtus. Elle est double et se compose de *spectres androïdes et gynoïdes*, qui, au moment de la fécondation, se mêlent, se croisent, pour former dans leur jonction le nœud vital ; puis se divisent et voyagent en sens parallèle et divergent, pour se rejoindre aux deux extrémités, revenir au centre, puis retourner à leur point de départ, pour recommencer la même course.

La vie, dans les spectres, est donc une attraction mutuelle ou tendance à recevoir et donner, à aspirer et être aspiré, sans qu'ils arrivent jamais à s'identifier. Par là se forment les premiers globules de sang et les fibres qui commencent l'être.

Dans l'homme, ce mouvement de va et vient se continue

du dedans au dehors , du dehors au dedans , vers le centre , qui semble se débattre entre deux vides, tendant alternativement à se produire ou s'effacer , comme si le centre général de la vie avait le vide en horreur. Les intervalles de ces oscillations constituent le frémissement vital ou *névropalie* de M. Piorry , ou acte *métaplastique* ou *morpho-plastique* de M. Flourens , qui , dans les cas morbides , se transforme en *névropathie*.

La force embryonale est entièrement indépendante des impulsions du dehors ; pour la définir , pour indiquer son action , on peut la comparer à un artisan qui , pendant toute sa vie , reçoit et met en œuvre les matières nécessaires au développement et à la conservation de la machine humaine.

La force vitale, que la science a nommée successivement *pneuma*, *archée*, *sthénie*, *dynamie ;* que les physiologistes ont tour-à-tour confondue avec la matière spiritualisée , regardée comme une oscillation des organes, comparée aux fluides impondérables, est la plus vivace et la plus étendue des forces de la vie. Contrairement à la force embryonale, elle n'existe que par les impulsions extérieures , aussi ne commence-t-elle qu'à la naissance. La respiration , la circulation du double ventricule, la transformation du sang du noir au rouge et la digestion , sont les actes par lesquels elle se produit et se manifeste.

La nature emploie, pour transformer les impulsions extérieures en actes vitaux , la polarisation négative et positive, la centralisation et le croisement de deux principes différents. Ainsi , dans le règne végétal, l'impression des agents atmosphériques sur les parties extérieures d'une plante, transmises au collet , devient , dans les racines , la force qui développe les fonctions de leurs organes ; par contre, les impressions du sol et de ses principes sur les racines, transmises au collet, provoquent au dehors les fonctions de la vie.

De même, dans l'homme, les impulsions transmises au nœud vital par le cordon spinal, constituent le principe de la vie du cerveau et du cervelet. Celles transmises par le cerveau donnent la vie à la partie rachidienne.

La force vitale constitue deux grands courants : l'un vertical, de la protubérance annulaire (pont de varole) aux extrémités inférieures ; l'autre, coupant le premier à angle droit, du cordon spinal à tous les points extérieurs du corps.

Ainsi, rien n'est en dehors du pouvoir des forces vitales, et la moindre fibre est enfermée dans un carré de substances nerveuses vitalisantes. — Cette seconde force est donc celle qui anime les organes et rend possibles toutes leurs fonctions. — Elle a son siège dans la substance cérébro-spinale, et spécialement dans le cervelet. — Ce dernier ne reçoit de lui-même aucune impulsion directe du dehors ; ses facultés sont les conséquences des transmissions rachidiennes et cérébrales ; aussi ses forces, foyer vitalisateur où la volonté même puise sa puissance sur tout l'organisme, sont indispensables à l'équilibre général. Le professeur Buillard l'a donc appelé avec raison le *balancier de la vie*.

La force sensitive ou déterminante est presque définie par son nom. Elle diffère essentiellement de la force vitale qui donne la vie aux êtres, mais les laisse insensibles et incapables d'agir.

C'est cette propriété qu'ont les organes de s'émouvoir

au contact des agents du dehors, d'annoncer leurs sensa-
tions agréables ou désagréables et d'exprimer leur état ;
c'est le moyen d'action des êtres animés, leur moyen de
défense et de conservation ; c'est enfin ce qui fait l'animal
accessible à toutes les impressions, ce qui le distingue des
créations inférieures.

Cette force est placée par tous les physiologistes dans
les grands lobes du cerveau et correspond à la substance
médullaire, alimentée par la substance cendrée. Elle se
subdivise en réactive nécessaire et absolue et en déterminante libre et volontaire. L'une opère par l'intermédiaire
du nœud vital ; l'autre est mise directement en action par
la volonté qui agit sur les instruments de sa manifestation.
La réaction qui, dans les cas morbides, est appelée effort
de la nature médicatrice, est un effet de la première.

Avec les trois forces que nous venons de définir, l'homme
semble capable de toutes les fonctions de la vie, et cepen-
dant une dernière, sans laquelle les autres seraient bien-
tôt détruites, lui manque encore. C'est celle qui doit
régler le jeu de ses organes, qui doit lui faire sentir
jusqu'où vont ses moyens et l'emploi qu'il en peut faire :
nous l'appelons régulatrice.

Cette force, que MM. Pidoux et Trousseaux appellent
force de la résistance vitale, a son siège dans le système
ganglionnaire de chaque localité, point de centralisation
des instruments de polarisation négative ou positive,
qui sont les cordons nerveux et leurs accessoires.

Chaque appareil organique est pourvu de son régulateur,
qui fonctionne indépendamment des autres. Aussi, dès que
cette force est surprise ou débordée, des troubles se mani-

festent et dénoncent l'invasion de la maladie, dont la guérison ne peut avoir lieu si le régulateur ne revient à son état normal. C'est ce qu'en médecine on appelle latitude de santé.

En un mot, cette dernière force, que dans chaque appareil nous voyons fonctionner séparément, relie dans son ensemble tout l'édifice humain, règle ses rapports du dehors au dedans, du dedans au dehors, et constitue ce tout harmonieux dont Gaubius disait : *Non me rogetis, in corpore humano, principium vitæ et ubi finis; nam corpus humanum, dixi, circulum principio carentem, carentem fine.*

II

TRAITEMENT DES MALADIES

PAR LA MÉTHODE ANÉVROSIAQUE.

> En général, on ne peut se défendre
> d'exagérer la valeur d'un fait qu'on croit
> avoir découvert.
>
> *Gaz. des Hôp.*, 14 *avril* 1859.

Chaque individu a la manière d'être et de sentir qui
convient à l'état de ses organes. L'énergie, l'unité et
l'harmonie de ces actes peuvent donc se comparer à une
belle symphonie exécutée par un grand nombre d'instruments. — Dans l'exécution, si quelques notes, peu impor-
tantes, manquent de ton ou de mesure, elles se perdent
dans l'ensemble général sans trop choquer l'oreille; mais,

si une partie capitale de la mesure, si un instrument est en défaut, la musique n'est plus qu'un bruit discordant et désagréable.

De même, dans les êtres vivants, les troubles de l'organisme, lorsqu'ils sont légers, passent presque inaperçus ; s'ils sont graves, ils détruisent l'harmonie générale et constituent la maladie que la médecine est appelée à combattre.

Toute maladie commence sous l'influence d'agents morbides, qui débordent les régulateurs, attaquent les forces vitales, les organes, les fluides, et enfin réagissent sur le principe sensitif. De là, deux périodes : l'une, occulte, dont les effets ne s'étendent qu'aux deux premières facultés (régulatrice et vitale) ; l'autre, manifeste, qui peut être l'expression des troubles des trois forces ou de la dernière seulement (sensitive), lorsque les deux premières sont revenues à l'état normal. Aussi, le docteur Bousquet dit avec raison : « L'observateur n'assiste pas à la naissance » des maladies, il ne commence à les connaître qu'au » moment où elles ont franchi le seuil du sanctuaire. »

Une affection étant déclarée, nous devons chercher les moyens de l'arrêter dans sa course et de rétablir l'organisme dans son état normal. — D'après les principes que nous avons exposés, les facultés seules sont en notre pouvoir, c'est sur elles seules que nous devons diriger nos moyens d'action pour réagir sur les forces ; encore en faut-il écarter la faculté embryonale que son principe même rend inaccessible. — Cela posé, voyons comment nous pouvons agir sur les trois facultés qui nous restent et obtenir un résultat.

A la suite de longues recherches et de nombreuses expériences, couronnées de succès, j'ai acquis la certitude qu'il existe des substances médicamenteuses possédant des propriétés analogues à celles des *anesthésiques*.

Ces substances, ni dangereuses, ni nouvelles, employées à temps opportun et à doses convenables, peuvent agir sur les trois facultés, à la fois ou successivement, en enrayer ou en soutenir les forces, en prévenir les écarts et ramener l'organisme à son état normal. Guérir avec mon système consiste donc à isoler les forces de la vie du point malade et à les conserver saines en face des agents morbides et de la partie lésée. La maladie ainsi réduite à sa plus simple expression, je lui ôte les moyens de s'accroître, j'agis de concert avec les forces de la vie et je l'oblige à céder.

Par ce moyen, les symptômes nerveux les plus alarmants disparaissent, les désordres cessent comme par enchantement, les évacuations critiques, provoquées à propos et presque au gré du médecin, complètent une guérison que toute autre méthode serait impuissante, selon moi, à obtenir aussi promptement.

Je dirai donc que j'ai découvert trois formes d'agents, une pour chaque faculté. Je les nommerai *isolateurs anévrosiaques* ou *régulateurs vitaux*.

Pour être plus intelligible, prenons une maladie : l'angine couenneuse, par exemple. Dans cette affection, le principe morbide, cause de l'infection diphtérique, a pris naissance dans les nœuds ganglionnaires ; la force régulatrice est d'abord atteinte, c'est donc sur sa faculté que je dois agir. Si la maladie est plus avancée, la force vitale, puis la force sensitive, peuvent être troublées ; j'agirais alors sur leurs facultés correspondantes, successivement, jusqu'à ce que le mal ait cédé, tout en me servant des médicaments locaux et des coadjuvants critiques.

L'épidémie diphtérique de l'année 1858, à Salornay-sur-Guye, m'a confirmé et prouvé l'excellence de ma théorie. J'ai pu, en l'appliquant, sauver presque tous mes malades d'une affection classée par le monde médical parmi les plus dangereuses et pour la guérison de laquelle on a tenté jusqu'à ce jour des essais si souvent infructueux.

QUELQUES INDICATIONS ET QUELQUES FAITS

SUR L'APPLICATION DE CE TRAITEMENT.

> L'art de guérir, sorti des tergiversa-
> tions des époques précédentes, sait ce
> qu'il a à faire et marche d'un pas assuré
> vers son but.   L'AUTEUR.

Les fonctions peuvent s'exercer à l'état normal, malgré
l'influence morbide d'une localité; l'inflammation même,
prise à une époque pas trop avancée, peut être enrayée
dans sa marche et être guérie sans aucun danger. Ses actes
ne sont pas aussi invariables que l'ont prétendu le professeur Tomassini et tous les maîtres de l'école dynamique,
par cette raison que l'engorgement des capillaires artériels,

cause matérielle de l'inflammation, résulte de la perturbation des facultés régulatrice et vitalisante, et disparaît
quand elles sont ramenées à l'état normal par l'action des
isolateurs au pouvoir desquelles elles sont soumises.

Quelle que soit l'époque et le type de la fièvre, elle
peut toujours être enrayée. Si ses accès persistent, c'est
qu'ils sont indispensables pour faciliter l'œuvre des évacuations critiques et le retour des fluides et des solides
à l'état de santé.

Dans bien des circonstances, les foyers de la vie sont
atteints successivement, dans d'autres ils le sont en même
temps.

Dans le premier cas, si l'affection sensitive n'arrive que
longtemps après les troubles des deux autres forces, sans
que ceux-ci aient cessé, la maladie, par sa nature même,
est incurable, parce que la lenteur consécutive des altéra-
tions premières ayant habitué le principe sensitif à leurs
impressions, les organes sont tellement altérés au moment
de la réaction, qu'ils n'offrent plus de résistance aux agents
morbides et sont incapables de revenir à l'état normal.

Dans l'autre cas, les forces, surprises par des troubles
instantanés, reçoivent un choc violent, qui donne lieu à
des symptômes très-alarmants; lesquels symptômes, dans
le plus grand nombre de cas, sont moins dangereux qu'ils
ne paraissent et plus faciles à combattre, parce que
l'organisme, au moment de l'invasion du mal, possède
encore toutes ses forces intactes.

On peut suivre, à l'exploration du pouls, les progrès de
la maladie vers sa fin et reconnaître successivement que le
principe morbide, surchargé d'oxygène dans le poumon, est

brûlé par les forces de la vie, décomposé sur place, absorbé et renvoyé au dehors en évacuations : ce qui constitue l'œuvre critique qui précède la guérison.

La convalescence est presque nulle et sans danger. Les récidives ou les accidents nouveaux cèdent facilement à la reprise du traitement.

Dans toute maladie, la force régulatrice est attaquée la première, la vitale ensuite, puis la sensitive. — Les perturbations des deux premières forces, étant occultes, exigent souvent de la part du médecin beaucoup d'attention pour les reconnaître ; c'est, en revanche, le moment le plus favorable pour enrayer le mal.

Les isolateurs vitaux doivent être administrés lors de la rémission de la fièvre, parce qu'en ce moment se prépare le mouvement ascensionnel de la maladie. Les isolateurs sensitifs seront donnés dans le temps de la recrudescence. Dans les cas graves, les remèdes doivent être tous pris, mais successivement, dans un temps plus ou moins court, suivant l'importance du mal.

Sont aussi indispensables au traitement les isolateurs de la faculté régulatrice et les provocateurs critiques. — A propos de ces derniers, je fais observer que l'organe où siège l'affection n'est pas toujours celui où la perturbation morbide s'est déclarée ; notre organisme étant ainsi constitué, que les troubles d'un appareil disposent les autres à la maladie. Dans ce cas, pour opérer les évacuations critiques, on doit choisir l'appareil atteint le premier, pour y diriger l'action des remèdes.

Le retour trop brusque du malade à l'état de santé peut donner lieu quelquefois à des dangers plus ou moins graves , suivant l'état des forces et le degré d'*anémie áglobulaire* qui en résulte. Dans cet état facile à prévoir, on doit modérer ou même cesser l'emploi des isolateurs anévrosiaques et prescrire le vin et la bonne nourriture.

Dans l'épidémie rheuma-typhoïde de l'année 1848, à Salornay-sur-Guye, je désignai cet état sous le nom de *métalisation*, parce qu'il est le résultat de l'action des remèdes et l'avant-coureur de la santé.

Que le médecin sache donc bien , en touchant aux sources de la vie, dont il se rend maître, qu'il est des limites qu'il doit se donner garde de franchir s'il veut conserver la vie des malades. Quoique je considère l'action de mes isolateurs ou régularisateurs identiques au rôle de poids placés sur les soupapes des machines à vapeur pour en régler les forces, je ne prétends pas que la machine humaine soit une locomotive que l'on puisse plier à toutes nos volontés, car il est un point au-delà duquel l'homme est impuissant.

Je préviens les praticiens qui voudraient expérimenter ce mode de traitement , qu'ils rencontreront plus d'un obstacle avant d'arriver aux résultats extraordinaires qu'ils sont en droit d'attendre de ce que je viens d'exposer.

L'emploi de l'un ou de l'autre de ces agents n'est pas indifférent : les vitalisants sont très-rares , les sensitifs très-nombreux, mais d'un choix très-difficile ; je ne parle pas des derniers , qui sont très-communs et à la portée de tout le monde. Les uns, indiqués dans un temps, seraient inopportuns dans un autre. Les effets des uns sont durables , ceux des autres sont diffusibles et passagers ; les uns règlent ou isolent en *hyposthénisant ;* les autres en *hypersthénisant.* Dans certaines circonstances, il faut cesser l'un et continuer l'autre, dans la crainte de voir surgir ces réactions brusques, pernicieuses et inattendues, qui tuent le malade ou du moins laissent des traces ineffaçables.

Ayons donc toujours présent à l'esprit ces deux préceptes : l'un du père de la médecine : *occasio præceps ;* l'autre des philosophes : *omnia tempus habent ;* jamais ils n'auront eu meilleure application.

Après de longues hésitations, je me suis enfin décidé à soumettre ce premier aperçu au monde médical.

Ces lignes sont le résumé des observations et du travail de toute une vie. J'ai acquis, par dix années d'une pratique constante et justifiée par le succès, la certitude des effets de ma méthode ; j'en confie la base, les principes au public ; heureux si je puis apporter quelques rayons au flambeau de la science et diminuer les maux de l'humanité !

Salornay-sur-Guye, ce 12 Août 1859.

Chalon-s-S., imp. de J. DEJUSSIEU.

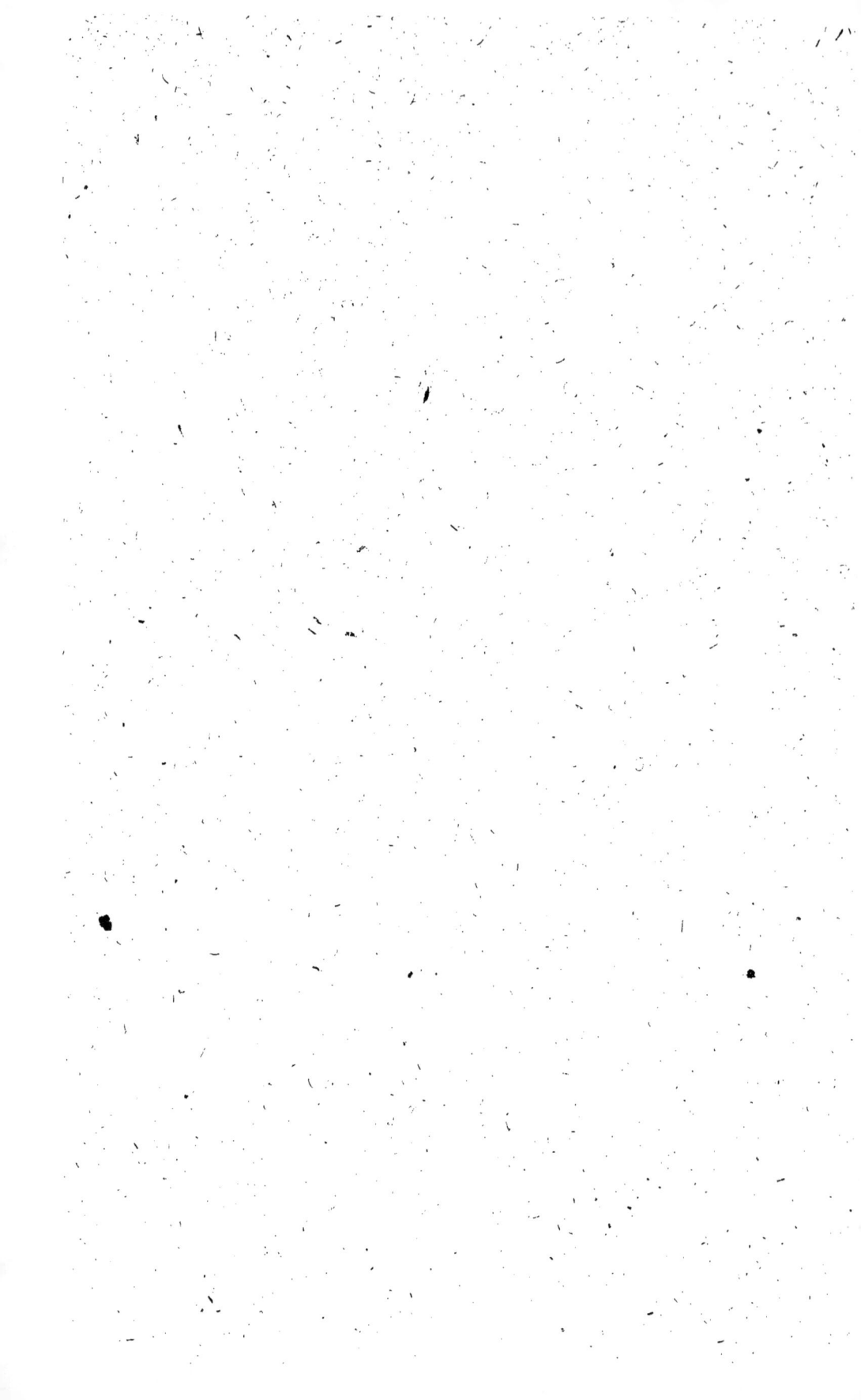

www.ingramcontent.com/pod-product-compliance
Lightning Source LLC
Chambersburg PA
CBHW032258210326
41520CB00048B/5503